动物运动会

· 倍数 ·

国开童媒 编著　每晴 文　杨焘宁 图

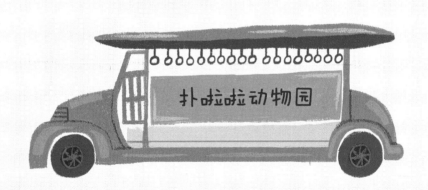

国家开放大学出版社出版　　国开童媒（北京）文化传播有限公司出品

北 京

1 条尾巴在半空中
高高跃起！

哇，是 **1** 只狸猫在比赛跳高。

2 只肉球在草地上
疯狂地翻滚！

嘿，是 2 只旱獭
在比赛摔跤。

6只 胳膊在树丛中
"刷刷"地荡过!

呀，是 **3** 只猴子
在比赛攀爬。

8只角在尘土中
飞快地**移动**！

啊，是 4 头野牛在**赛跑**。

10 条细长的腿
在湖面上轻快地舞动！

哇，是**5**只火烈鸟
在进行**体操比赛**。

12 条腿

在溪水中灵巧地划动！

嘿，是 **3** 只青蛙
在比赛游泳。

2条尾巴 8条腿
在木栏前腾空而起！

啊，是 **2** 匹马
在比赛**跨栏**。

3 个像烟囱似的长鼻子
竖在水面上！

呀，是 **3** 头大象在比赛**潜水**。

16只翅膀 **8**条尾巴
在高空中稳稳地**盘旋**！

哦，是 **8** 位猎鹰裁判 在观察赛情。

20只胳膊20条腿，没有尾巴10张嘴，
不伸胳膊不动腿，坐在车里光动嘴！

请问这是
什么呢？

扑啦啦动物园

拉啦动物园

22

　　动物园在举行一场动物运动会，可真热闹呀！来了很多动物，有猴子、野牛、火烈鸟等，我们看到3只猴子6只胳膊，如果继续问孩子4只猴子会有几只胳膊呢？孩子会知道是8只胳膊吗？通过观察画面和思考，孩子不难发现，每增加1只猴子就多2只胳膊，1只猴子是1个"2"，4只猴子就是有4个"2"，这是一个不断累加的过程。在这组关系里面有一个不变的数量，就是每只猴子都有2只胳膊，猴子胳膊的总只数是随着猴子的只数在不断变化的，它们之间存在着倍数关系。让孩子听到、认知并理解"倍数"这个数学名词，便是这个小小的绘本故事的价值。

　　对于刚接触"倍数"的孩子而言，这个知识点并不容易一下就明白和掌握。家长可以借鉴这个小故事的思路，在生活中找一些方便观察的事物，让孩子进行更多的练习。对于学龄前的孩子，我们的学习目标不在于让孩子迅速"算"出答案，而是通过这种观察和思考，理解"倍数"的概念，在头脑中建构"倍数"的思维模型，为将来乘法的学习做准备。

北京润丰学校小学低年级数学组长、一级教师　蒋慕香

思维导图

哇！今天的动物运动会真是热闹非凡啊！这场赛事都有什么动物呢？最后出场的又是谁呢？请看着思维导图，像猜谜题一样，跟你的爸爸妈妈分享这个故事吧！

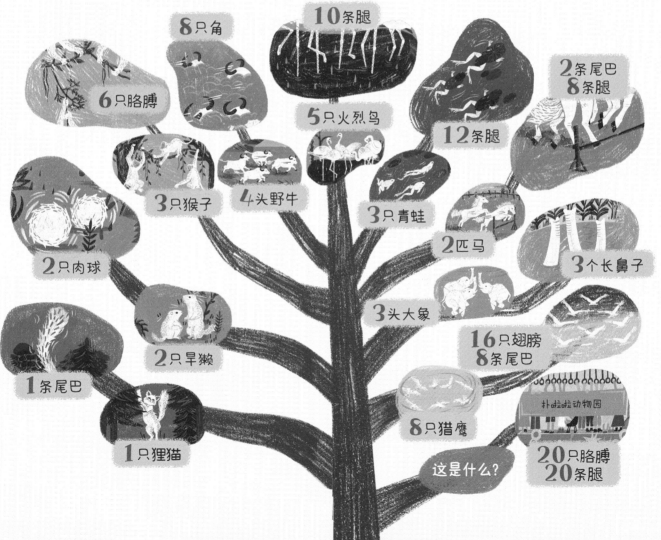

8只角

10条腿

6只胳膊

5只火烈鸟

12条腿

2条尾巴
8条腿

3只猴子

4头野牛

3只青蛙

2匹马

3个长鼻子

2只肉球

3头大象

2只旱獭

16只翅膀
8条尾巴

1条尾巴

8只猎鹰

扑啦啦动物园

1只狸猫

这是什么？

20只胳膊
20条腿

· 比赛潜水的大象 ·

　　没想到吧，大象也跟你一样喜欢玩水。下面是2只在河里嬉戏的大象，它们的腿都没在了水里。请你在每只大象下方的方框中画出大象的腿，并数一数，图中一共有多少条腿呢？

·小鸭子捉迷藏·

鸭妈妈在数鸭宝宝的脚印，她数来数去，越数越糊涂。这究竟是几只鸭宝宝留下的脚印呢？你能帮鸭妈妈数一数吗？请在下面圈出来正确数量的小鸭子吧！

·一起吃饭啦·

　　当我们吃饭的时候，我们用的筷子、碗、勺子是要与人数——对应的，少一个都不行。那这些餐具是如何与人数对应的呢？结合今天的猜谜故事，动动你的小脑瓜，将右边的表格填写完整吧。今后你们家的餐桌小主人就是你啦！

人数 \ 餐具	碗（个）	筷子（根）	勺子（个）
1个人			
2个人			
3个人			
4个人			
5个人			

你发现餐具数量和人数之间的对应关系了吗？

·玩具猜猜猜·

　　每个孩子都拥有各种各样的玩具，有的是4条腿的猴子，有的是1条尾巴的恐龙，有的是3只眼睛的小怪兽，有的是……它们虽然长得不一样，但总有相同点，比如4条腿的猴子和1条尾巴的恐龙都有1个脑袋。所以，把2个玩具的特点相结合，让孩子去猜这两个玩具是什么，既可以让孩子更好地理解数字与数量的关系，又可以激发孩子的兴趣。接下来，和孩子一起按照下面的游戏步骤玩一玩吧。

1. 2个人为一组，孩子既可以和爸爸组合，也可以和妈妈组合。
2. 玩家先默默地在心里选定2个玩具，告诉对方这2个玩具加起来有多少个头，多少条腿，例如"这2个玩具一共有2个头，8条腿"。
3. 让对方猜一猜这是哪两个玩具。
4. 如果对方猜的和你想的不一样，可以给出进一步的提示，比如多少条尾巴，以此进行游戏，直到对方猜对为止。

　　当孩子熟悉了猜2个玩具的方法后，再试试3个玩具、4个玩具吧！注意，玩具的数量也要适中哟！

· 跳格子 ·

1. 准备12张纸或者比较硬的卡纸，上面分别写上1~12的数字，然后依次按顺序排列。

2. 每一张纸视为一格，接下来，让孩子按照指令走一走：

① 1格1格地按顺序走，要走几次？（让孩子念出踏到的数字：1，2，3，…，12。）

② 2格2格地按顺序走，要走几次？（让孩子念出踏到的数字：2，4，6，…，12。）

③ 3格3格地按顺序走，要走几次？（让孩子念出踏到的数字：3，6，9，12。）

④ 4格4格地按顺序走，要走几次？（让孩子念出踏到的数字：4，8，12。）

3. 跟孩子一起探讨，几格几格地走是最快的呢？那几格走和走的次数有什么关系呢？

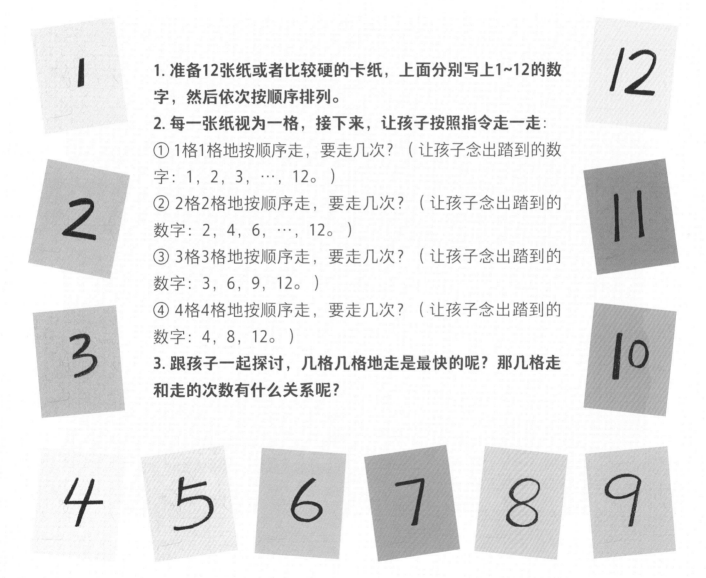

知识点结业证书

亲爱的＿＿＿＿＿＿＿＿＿＿小朋友,

恭喜你顺利完成了知识点**"倍数"**的学习,你真的太棒啦!你瞧,数学并不难,还很有意思,对不对?

下面是属于你的徽章,请你为它涂上自己喜欢的颜色,之后再开启下一册的阅读吧!